Images of the Mind 画说心理



# 快乐多少钱一斤

Counting Joy

## 琐事与幸福心理学

亓毛毛　江湖边　胡 杨
著绘

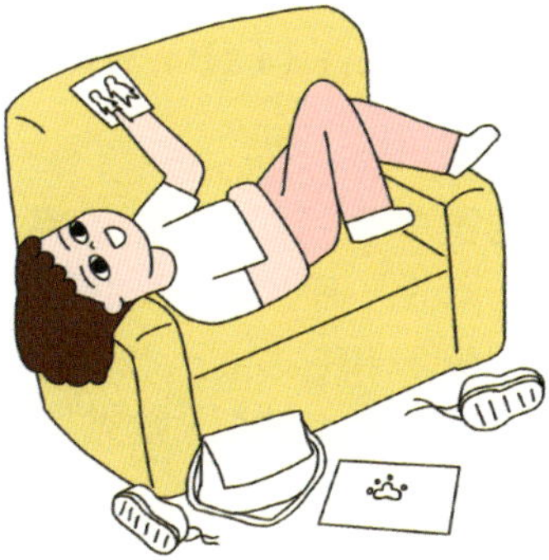

Psychology of Everyday Happiness

化学工业出版社
·北 京·

**图书在版编目（CIP）数据**

快乐多少钱一斤 ：琐事与幸福心理学 / 亓毛毛，江湖边，胡杨著绘. -- 北京 ：化学工业出版社，2025. 11. --（画说心理）. --ISBN 978-7-122-48899-2

Ⅰ. B82-49

中国国家版本馆CIP数据核字第20256XR586号

责任编辑：王　越　赵玉欣　　　　装帧设计：尹琳琳
责任校对：李雨函

出版发行：化学工业出版社
（北京市东城区青年湖南街13号　邮政编码100011）
印　　装：北京新华印刷有限公司
880mm×1230mm　1/32　印张$3^3/_4$　字数75千字
2026年3月北京第1版第1次印刷

购书咨询：010-64518888　　　　售后服务：010-64518899
网　　址：http://www.cip.com.cn
凡购买本书，如有缺损质量问题，本社销售中心负责调换。

定　　价：29.80元　　　　

# 主创

漫画文案：

漫画绘制：

# 创作团队

心理学漫画作者，插画师，
曾制作出版心理学漫画书
《猫和狗的生活哲学》
《这一次，让我紧紧抱住你》。

独立撰稿人，
心理学编辑。

独立执业心理咨询师，
北京师范大学临床与咨询心理学硕士，
曾任某三甲精神科医院进修心理治疗师，
心理科普创作者。

自由撰稿人，
住在海边的“I人”。

自由撰稿人，
北京师范大学心理学部在读。

# 前言

对我而言，心理学是一门很令人着迷的学科，它给我的生活带来了很多切实且巨大的帮助：

- 从害怕当众演讲，到即使一边哭一边说也想试着与大家交流；
- 从情感隔离，到开始慢慢学会观察自己的身体表达与内心感受；
- 从无节制地情绪性消费，到想真正爱自己、努力为自己计划幸福的生活；
- 从与母亲整日崩溃地大吵，到愿意迈出一小步，多理解对方一点点；
- 从被职场折磨深感痛苦，到看清事情本质不再总怪自己；
- ……

心理学没有使我变得完美，但它使我变得愿意欣赏不完美的自己！同时，我变得内心更有韧性、变得更舒服、更愿意往前一点去了解更大的世界。

所以我总是迫不及待地希望它能被更多人知道。希望它同样能给我的朋友、伴侣、亲人带去些生活的慰藉，增加一个了解自己的方式。

我不间断地以漫画形式表达心理学的思维、观点、知识已有八个年头了，漫画这种承载形式让我欣喜若狂，因为它可以让文字变得生动易读，让可阅读人群变得更广泛，让心理学这门对生活有直接帮助的学科更容易被理解与接受。

所以当与温柔的编辑老师一拍即合，确定下来我们要一起做这套涵盖生活多方面主题的心理学漫画书时，我简直开心到想狂奔！

这套书中的主人公们正如生活中的我们，在不同场景下有着各种各样不同的小烦恼。也许你会在其中看到自己的影子，或者身边人的影子。如果你有类似的烦恼，并可以从这套书中收获一些启发，那真是太棒了！

不过我们也想再提醒一下：心理学可以作为理解自己和他人的工具，但我们不应据此标签化自己或他人。

下面我来向你介绍一下这套心理学漫画吧！我们通过区分生活中的不同场景，把它分为了七个不同主题。不分先后顺序，每个主题讲述10个左右生活中常见的话题。你可以选择全部阅读，也可以选择感兴趣的场景或话题单独阅读：

- 《打工人已上线：职场心理学》包含不想上班、拖延、“躺平”、心理弹性、“工具人”、渴望退休、“空心病”、愚蠢而不自知的人、中年危机、有效休息等话题；
- 《圈子中的你我他：社交心理学》包含道歉与原谅、玩手机停不下来、内向性格、边界感、朋友间的占有欲、“搭子”文化、深度支持、“拉黑”、关系质量等话题；

- 《是心动呀：亲密关系心理学》包含完美爱情、依恋模式、财务健康、情感操纵、嫉妒、“自杀式”单身、救世主情结等话题；
- 《你是什么颜色的：人格心理学》包含社交恐惧、过度依赖、自恋、完美主义、高敏感、讨好、冒名顶替综合征、表演型人格、暗黑人格、MBTI等话题；
- 《局部有雨，多云转晴：情绪心理学》包含被动攻击、非暴力沟通、情感冷漠、情绪颗粒度、抑郁、悲伤、羞耻感等话题；
- 《快乐多少钱一斤：琐事与幸福心理学》包含与宠物相处、金钱观念、匮乏感、怀念过去、偶像“塌房”、主动熬夜、囤积、重新养育自己等话题；
- 《你的心事，心理学听得懂》关于心理学和心理咨询两大领域的概貌，包含原生家庭、心理学标签化、如何寻得合适的心理咨询师等话题。

你可以在这套漫画书中了解到：日常生活中的很多现象为什么会发生？我的朋友为什么会那样做？人和人的选择为什么差距那么大？他怎么了？我怎么了？当你希望获得心理帮助时，需要注意什么、避免什么？面对xx问题我可以怎么做？……

心理学虽不是万能的，但心理学的思维可以给生活带来很大帮助。

希望你阅读旅途愉快！生活旅途顺利！人生旅途尽兴！

**心理学漫画师：亓毛毛**

# 目录

# 为什么小猫小狗能治好破碎的心？

# ● 可爱和毛茸茸的作用，比我们想象的还大

## 1 对可爱事物的喜爱，是人类的一种本能

诺贝尔奖得主劳伦兹（Lorenz）认为，人类会对一组叫作“婴儿模式”的面容特征产生天然好感。这些特征包括宽额头、圆眼睛、饱满圆润的脸颊、小小的嘴巴和鼻子，而猫猫狗狗就是这些特征的集大成者。

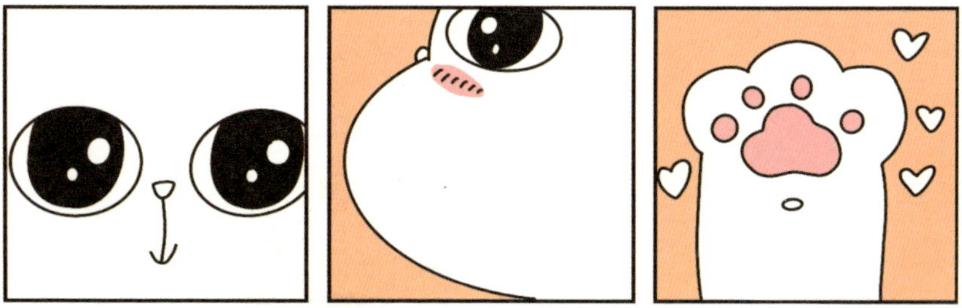

印第安纳大学的一项实验发现，仅仅是观看猫咪的视频，人们就能被激发积极情绪体验，减少焦虑、烦恼、悲伤等负面情绪。

## 2 与宠物互动，可以极大舒缓压力

有研究显示，与宠物互动时，人类大脑产生的催产素浓度可能达到正常社交活动的3倍以上。摸摸抱抱宠物、与它们追逐嬉闹，会刺激大脑分泌催产素和多巴胺。这些物质能快速缓解压力、降低焦虑感，同时人们的压力激素水平也会显著下降。

## 3 和猫猫狗狗等小动物的身体接触，还能带来更多治愈

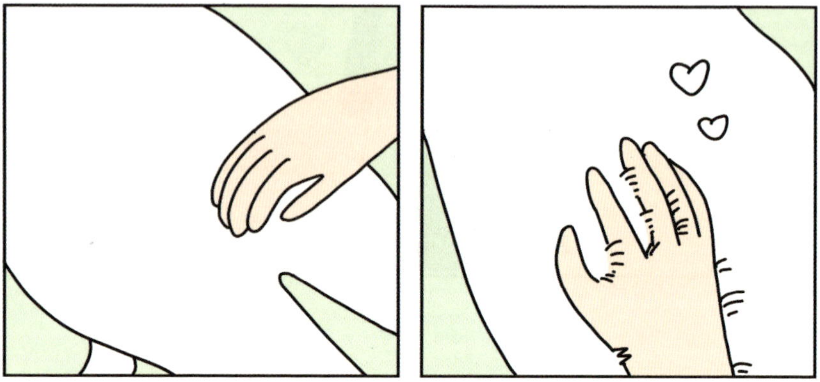

宠物毛发所带来的温柔触感，也会直接向大脑传递舒缓信号，即使是用毛绒球轻抚手臂，也能有效降低压力和焦虑水平。这些互动，甚至能为大脑负责记忆和情绪的区域带来积极改变。

## 4 猫猫狗狗也能提供社交支持

有时，猫猫狗狗是比人类更好的倾听者。

我们会自然而然地把人类的感情和意义赋予宠物，向它们倾诉自己心中最隐秘的情绪体验，而宠物从不会对眼泪表现出惊讶，也不会对反复讲述的创伤故事感到厌烦。

这是一种完全接纳的互动模式，我们不必在讲述过程中担心被评价，也不必担心给他人造成不良体验。猫猫狗狗的存在本身就是一种“情绪安全区”。

有研究发现，每天与宠物对视超过15分钟的独居者，其社会联结感知水平提升42%。与宠物的互动虽然不能完全取代社交活动，但如果你存在社交焦虑，与猫猫狗狗互动，也可以让你产生更多社交联结感。如果内向的人养了一只外向的狗，它还能带来更多有益的、与陌生人的短暂社交。

当你握住猫猫狗狗的爪子时，
你也开始了与这个世界建立联结和信任的过程。

## 你在照顾宠物的时候，宠物也在照顾你

人们能注意到自己在宠物生命中的地位，但未必能注意到宠物对自己生命的影响。

猫猫狗狗总是能够为人们提供丰富多样的情绪体验，当你陷入某些负面情绪无法自拔时，猫猫狗狗的神情、叫声、动作都可能打破这种内耗，将你的注意力完全转移到它们身上。

人们在照顾宠物的同时，也是在进行自我照顾。

规律地给宠物喂食、梳毛，带它们出门散步，这些看似简单的日常活动能帮助我们重建生活秩序，带来微小但明确的成就感和意义感，这些正向刺激最终会辐射到生活的方方面面。

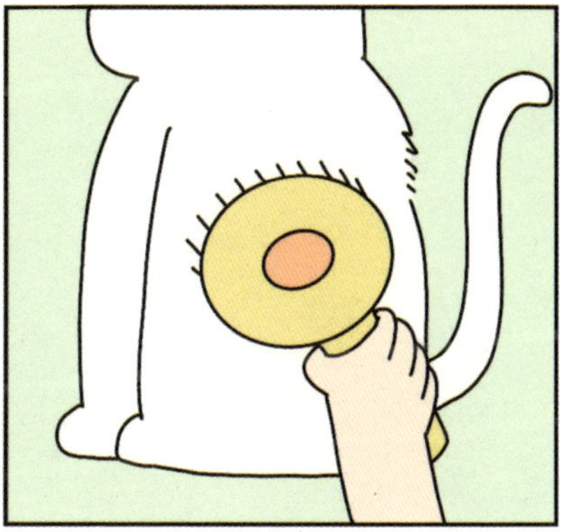

能够照顾好宠物，意味着我们也有能力照顾好生活，照顾好自己。

## 心理锦囊

“毛孩子”不懂催婚，不懂房贷，不懂KPI；

但正因如此，

它们才可以不被这些东西所困，

永远活在当下，

总是给我们带来抚慰和新的可能。

# 有钱了就能幸福吗？

在一项有关“金钱能否买来幸福”的调查中，59%的人回答“能”。

事实真的如此吗?

## ● 在一定程度上，钱真的能带来幸福

对大多数人来说，赚更多钱，的确会更幸福

有更高收入的人，可能有更高的生活满意度和更少的负面情绪，他们有更高的目标感、更大的个人成长，也更乐意自我接纳。

### 1 富有可能会让人们对生活更有掌控感

某种程度上，这是因为金钱带来了自主性和选择的余地。比如，有更多的钱意味着你能拥有更多自由时间，可以把打扫卫

生、做饭等家务委托出去，这些可自由支配的时间对提升幸福感很重要。

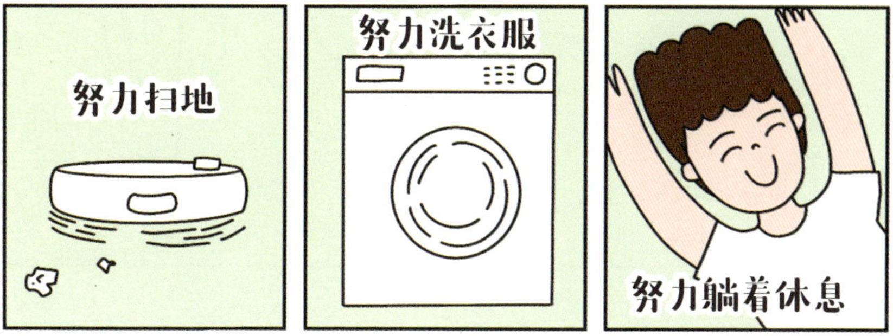


## 2 “随钱而来”的幸福，部分是通过“社会比较”带来的

我们可能成不了亿万富翁，但只要比邻居和二舅赚得多，就可能对生活更满意。

## 3 购买行为本身，也能让人感到幸福

为体验付费，要比为实物付费更能提供幸福感。但如果承担的

财务压力很大，购买与幸福的关联就微乎其微。

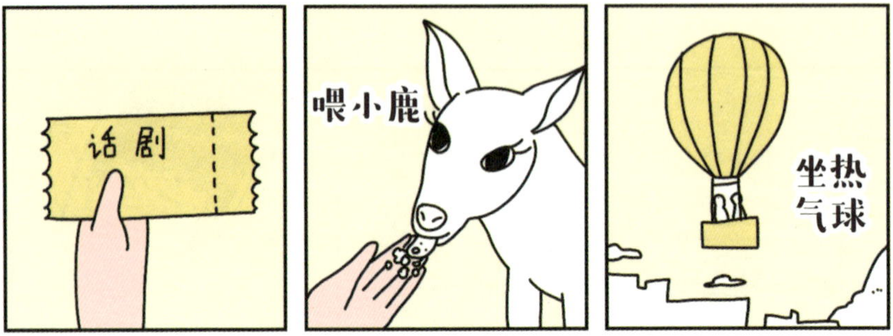


## 但是，金钱带来的幸福存在“瓶颈期”

一项知名研究发现，当收入达到某个数值后，幸福感的增长会到达瓶颈，财富增加的影响就不大了。这被称为“金钱对幸福感的边际效应”。

也有心理学家贡献了不同的发现：对于情绪健康水平在中等以上的人来说，幸福感随着收入的增加线性增加，没有上限；但对于经常感到不快乐的人来说，收入带来的幸福感提升会很有限。

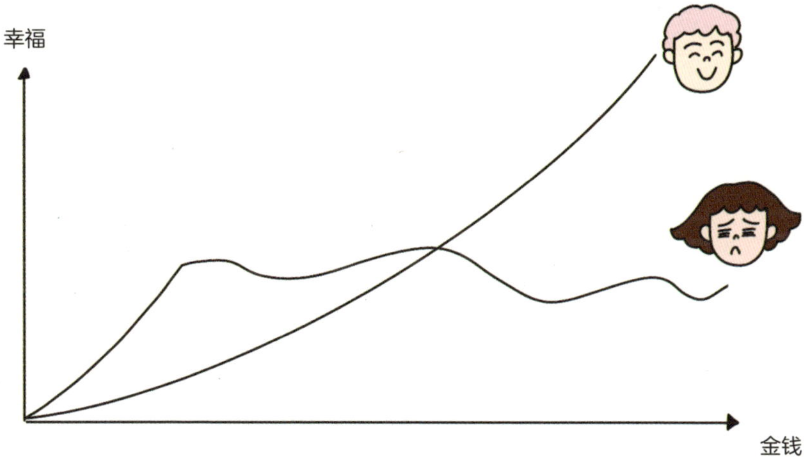


与此同时，人们往往高估了更多金钱所带来的快乐，并低估了自己对最新财富的适应能力。很快，它们就不能像一开始那样让人快乐了，于是人们会要求更多。

## ● 将财富与自我价值高度绑定，反而会不幸福

一个事实是：虽然有钱很好，但赚钱多的人通常工作时间更长，时间更紧迫，生活压力更大。

将金钱等同于成功，或将金钱与自我价值感高度绑定的人往往很难快乐起来，且更容易在日常生活中感到孤独，积累更多的负面情绪（比如愤怒、羞耻），有更多焦虑症状。

也许我们该好好想想，如何个性化地定义自己的“幸福”。

每个人对幸福的定义都不一样：

相较于那些把“成为有钱人”当作目标的人，将个人成长、建立亲密关系作为目标的人，能体验到更深的幸福感。

有研究显示，对于单身的人来说，婚姻提供的幸福感提升是收入增加的7倍多。有一个亲密的朋友也会大大提升获得快乐的机会。

英国的一项研究发现，参与为期4个月的心理治疗，对幸福感的提升等同于25000英镑额外收入带来的幸福感。

对幸福来说，金钱不是必须的。在世界上一些贫困落后的地区，居民报告的幸福感也很高，得分甚至与发达国家相近。研究者发现，与家人一起高质量地共度时间，以及与大自然接触，是他们感到幸福的主要原因。

## 心理锦囊

如果你想得到幸福，

钱是有用的，

但不是万能的。

幸福是一个复杂的集合体，

很难靠某种单一因素实现。

虽然幸福和钱的关系并不大，

但还是祝你能赚到钱，

更祝你能幸福。

# 人生的 4 种“金钱脚本”

## ● “金钱脚本”掌控我们对金钱的认知

“金钱脚本”是金融心理学家布拉德·克朗茨（Brad Klontz）和泰德·克朗茨（Ted Klontz）提出的概念，指人们在成长过程中形成的关于金钱的信念和行为模式。人人都有一套自己的金钱脚本。

金钱脚本主要有以下几个特征：

（1）金钱脚本形成于童年早期经历；

（2）金钱脚本和行为往往会代代相传，是一个家庭中的隐形遗产；

（3）金钱脚本通常是无意识的；

（4）金钱脚本是一整套情境化的金融行为。

金钱不仅仅是用于交换的货币，也是充满情绪的符号。

绝大多数人都有一套自己的金钱观。有人花钱大手大脚，“别人有的我也要有”；有人不敢休息，认为银行余额等同于自我价值；有人视金钱为地位的象征，认为有钱就会高人一等。

有些时候，金钱也与焦虑、抑郁、挫败和羞耻相关。一项民意调查显示，超七成的受访者认为，钱是生活中最大的压力源。

当金钱脚本的形成基于创伤事件时，它可能会对一个人成年后的财务行为造成负面影响。

比如：财务依赖、囤积障碍、强迫性赌博、成瘾、过度消费，挣得挺多但入不敷出，或认为自己不配拥有数量可观的钱，总是以各种匪夷所思的方式花掉存款。

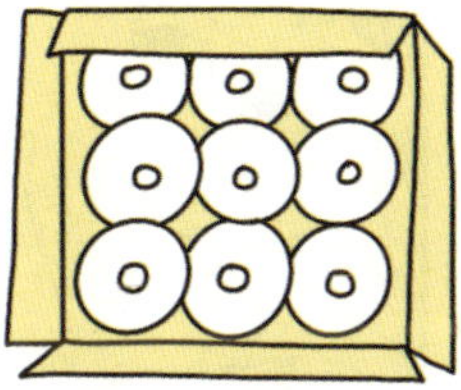

囤12箱纸

酒精成瘾

月光

对许多人来说，认识自己的金钱脚本、挖掘它的起源，会是一个非常惊心动魄的自我发现过程。

## • 金钱脚本的4种类型

克朗茨等人开发了一份问卷，并确定了金钱脚本的4种类型。分别是金钱回避、金钱崇拜、金钱地位和金钱警觉。

## 1 金钱回避脚本（Money Avoidance Script）

金钱回避脚本持有者认为，钱是不好的东西。有钱人是贪婪和腐败的压榨者，不值得那么有钱。

他们回避与金钱打交道，甚至不去想这件事，谈钱让他们感到不舒适。在生活中，他们远离与金钱相关的信息，倾向于推迟做出有关金钱的决策（比如买保险）。

但自相矛盾的是，他们有过度工作的倾向，相信赚更多钱可以解决自己的担忧，同时提高自我价值感和社会地位。

对他们来说，钱似乎会带来恐惧、焦虑、恶心。他们会在无意识中破坏自己的财务成功（比如赠送财产、随意消费、做出糟糕的投资）。

金钱回避脚本持有者存在一些行为风险：

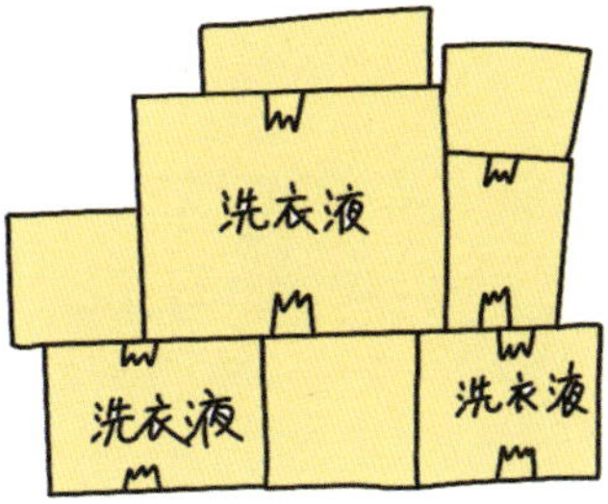


囤积

工作成瘾

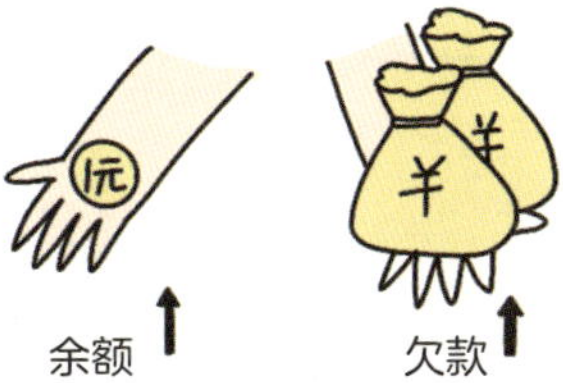


过度支出，守住预算有困难，并回避查看存款余额

强迫性购买

为了他人而牺牲自己的财务健康

## 2 金钱崇拜脚本（Money Worship Script）

金钱崇拜脚本持有者认为，钱能买到自由、幸福和权力，收入增加或获得意外之财会解决他们的全部问题。然而他们的钱永远不够，也无法负担得起自己的欲望。

他们可能会试图忽视自己的财务状况，给他人赠送超出自己能力范围的物品或钱财（试图彰显自己的力量），认为工作的重要性高于家庭。

同时，他们容易陷入债务困境，对他人存在金钱上的依赖。

金钱崇拜脚本持有者也存在囤积、工作成瘾、强迫性购买的行为风险，他们还可能表现出金钱依赖。

金钱依赖

## 3 金钱地位脚本（Money Status Script）

金钱地位脚本持有者认为，有钱的人生才有意义。金钱和自尊心、个人价值是同义词。一个人的社会地位，等同于你买了什么最好的东西、最新的产品。

他们会假装自己比真实的自己更有钱，为了在别人面前制造一种成功人士的形象而进行炫耀型消费，有过度支出的风险。

金钱地位脚本持有者的行为风险包括：

病理性赌博

强迫性支出

金钱依赖

就金钱问题向伴侣撒谎

## 4 金钱警觉脚本（Money Vigilance Script）

金钱警觉脚本持有者认为，有计划地储蓄、节约钱财、努力工作、经济独立自主是重要的。

他们关心自己的财务健康，对紧急资金的使用感到警惕，能针对特定的经济目标攒钱。他们对于消费的态度是：如果买不起就不买，也很少使用信用卡。

在不熟的人面前，他们倾向于对一个人有多少钱、能赚多少钱持谨慎态度，也对自己的财务状况保密。但他们很少会对伴侣就金钱支出问题撒谎。

他们很少强迫性购买，或在经济上依赖他人。

但这种对金钱过度谨慎和焦虑的心态，可能会让他们不那么放松，也不那么享受金钱带来的愉悦感。

克朗茨等人认为，在这4种脚本中，只有“金钱警觉”是相对健康的，并与更好的财务状况、更高的收入，以及更高的资产净值有关。

## ● 如何改变自己的金钱脚本？

### 1 觉察和识别

识别自己的金钱脚本，并不能直接教你赚钱，也无法帮助你做财务规划，但它是一种有效的工具，可以使你对自己的金钱观多点觉察。

还是那句话，觉察之后，才能选择要不要改变，以及如何改变。

## 2 回想近年来（和童年时期）对你影响最大、情感冲击最强烈的一个财务事件

这个财务事件被研究者称为“财务引爆点”（financial flashpoints）。它通常发生于童年早期，给你带来过相当强烈的情感波动，以至于你到成年之后仍然印象深刻。

为了探究你的金钱脚本是如何形成的，请回忆一下：你记忆中最深刻的、关于钱的一件事是什么？

## 3 当你还小的时候，从长辈或周边的成年人那里，学到过哪些金钱观？

孩子会内化大人们对于金钱的观念，并形成一整套无意识的关于金钱的行为。问题在于，这些观念可能存在一定认知扭曲。

如果你在这个回溯过程中发现，自己的某些金钱观实际上来自家庭中的某个成员，你可以重新调整这些信念。

## 4 认识你的“内在阻力”

很多时候，我们在理智上很清楚，什么是正确的财务行为。但实际行动时，往往会面临诸多情感上的困难。

请在下面的空白处写出3件你需要去做，但似乎迟迟无法付诸行动的事。

仔细回溯，当你“无法行动”时：

- 你有什么感受？
- 当你要做这些事时，大脑里有哪些声音在阻挠你？
- 这是谁的声音？
- 你讨厌这样的自己吗？
- 你对这样的自己感到羞耻吗？

## 5 写下新的金钱脚本，代替旧脚本

当你认识到自己存在不健康的金钱脚本后，就可以尝试用新脚本来替代它。比如“金钱并不与我的个人价值挂钩”“我有权从工作中喘口气”“歇一歇”“我可以无所事事，我值得毫无目的的享乐”……

你也可以预测冲动，提前准备。糟糕的财务行为常常是冲动性的，比如过度购买、一口气把卡刷爆……想一想，在什么情况下你容易产生这些冲动？预测冲动情境，并提前规划紧急预案。可能的话，打电话给一位可靠的朋友，或找一位专业财务规划师，与你共同渡过难关。

有证据显示，以识别和改变金钱脚本为目标的心理治疗干预对金融健康、改变对金钱的态度和疏解心理压力有积极作用。当金钱涉及情感创伤和自毁行为时，请寻求心理咨询师的帮助。

## 心理锦囊

钱并不仅仅是一些数字，

它还是自尊、安全、爱、

亲密、权力和自由的代名词，

所有的金钱脚本（哪怕不健康）

都曾是保护自己的适应性机制，

只是这把童年的保护伞，

是否还能为已经成年的你遮风挡雨？

# 为什么总甩不开匮乏感?

## • 什么是“内在匮乏感”？

“匮乏”不一定是现实处境，也可能是一种心理状态。

有匮乏心态的人，往往专注于他们所缺乏的东西，持续觉得自我价值缺失、资源不足。无论是缺钱、缺时间、缺关系，还是缺更好的身材……内在匮乏感高的人，似乎总是焦虑于眼前亟待解决的紧迫问题，长期生活在担忧和恐惧中，被一种基本的不足感和不安全感所困住。

不同于现实中的资源短缺，即便客观环境改善，内在匮乏感高的人仍会感到“我不配拥有”或“永远不够”，这吞噬了他们的幸福感。

有研究发现，内在匮乏感高会导致认知缺陷，使人做出短视的决策，并强化自我挫败行为。他们可能会有以下7种表现：

**（1）囤积，购买远多于自己需要的便宜物品。**

**（2）过度节俭，避免承担财务风险。**

（3）对夸奖感到不适。

（4）总是感知到自己的不足。

（5）低配得感，认为自己配不上好东西。

（6）过度竞争，缺乏协作；相对于长期主义方案，更偏好短期应对。

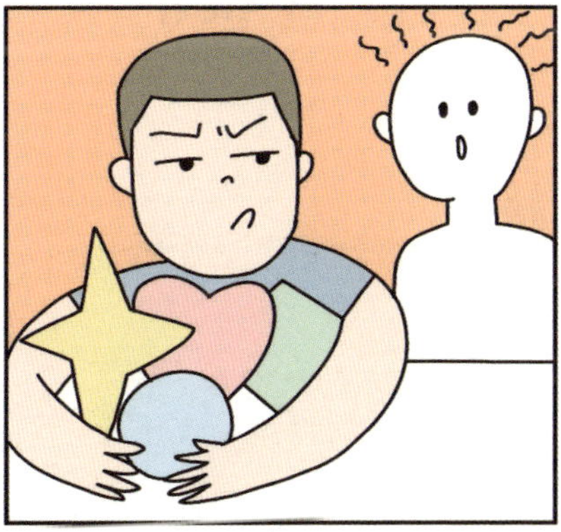

（7）将自己和他人物化为“生产力机器”；其注意力可能完全被资源获取活动占据（比如怎么挣更多钱），以至于对他人缺乏同理心，只通过对方是不是对自己有用来判断是否要与其交往。

## • 为什么我们觉得自己不配拥有美好？

### 1 创伤性的匮乏经历

如果养育者常常焦虑于经济问题，他们也可能会把这种心态传递给孩子，导致孩子在行动上处于“求生模式”。

而长期处于真实的（或是感知到的）资源匮乏状态，可能会对人的心理状态造成创伤性后果——长大后不敢冒险，无论做什么都会过度计算自己的资源，而在每一次的计算中，都会体验到情感上的匮乏。

## 2 生命早期的情感剥夺

有心理学家指出，童年期经历的情感剥夺也是一种匮乏创伤。这意味着，养育者忽视孩子的情绪状态，认为孩子是自己的所属物，工具化地支配孩子，导致他们自尊低下，认为自己不配被爱。

在情感剥夺环境中成长的人，可能会以高度竞争的方式寻求认可，认为自己只有做到最优秀，才有存在的价值。

## 3 根深蒂固的内在信念：“我本质上有问题”

匮乏感是一种不健康的思维模式的结果：只关注个人和群体的缺点，忽视优点。即使拥有了自己曾经渴望得到的东西，也会立刻失去兴趣，继续关注自己缺失的部分。

这种对不足之处的强制思考，某种程度上也是一种自我实现的预言。因为他们认为自己本来就配不上成功。

## ● 如何改变自己的匮乏心态？

### 1 写感恩日记

每天记录3件感恩的事，可以帮助我们重新审视自己的生活，培养充盈富足的心态。

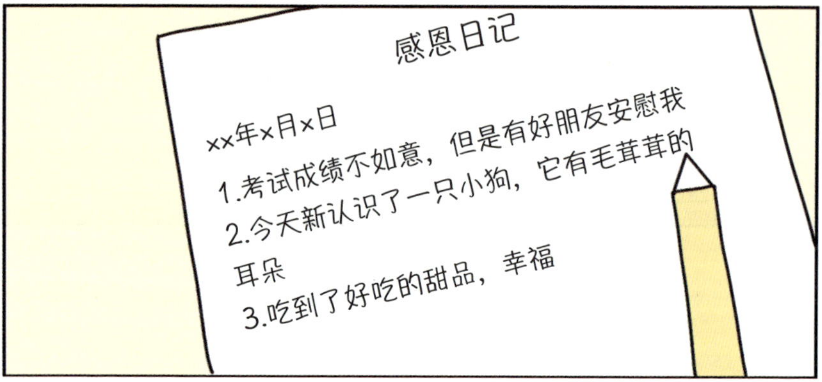


这是一种常用的思维转换训练。你会渐渐发现：原来我拥有的这么多！

### 2 限制接触负面新闻，减少社会比较

匮乏感可能会受到潜在刺激源的影响。比如：各大公司的裁员消息、社交媒体上不真实的完美形象……

如果你很容易受到铺天盖地负面信息的影响，请限制相关媒介或新闻的摄入。适当关闭朋友圈、限制手机软件的推送……多制造一点当下的体验，可以和朋友见面，或是逛公园、遛狗。

## 3 转变思维模式，从“我不够”到“我想要”

内在匮乏感强的人，倾向于用无法实现的完美期望来衡量自己。在他们所设想的应该达到的标准面前，他们永远不足、永远残缺。

如果想要改变匮乏心态，需要尝试打碎这些标准，设立更现实的目标。

不要说：　　　　　　　　可以说：

## 心理锦囊

我们拥有的可能远比想象中多。

请尝试对自己说：

你很好。

你本来就足够好。

你有权享受一些跟生产力无关的事。

你有足够的资源来度过下一个十年。

你现在正处于余生中最年轻的一天。

# 为什么一不高兴就想花钱?

# 心情不好就“买买买”

“情绪性消费”是一种通过购物缓解负面情绪的行为。常见触发因素包括焦虑、孤独、挫败感，也可能包括压力、情绪压抑和关系冲突。

情绪性消费很常见。有近七成的人表示自己的消费行为会受到情绪的影响，当人们情绪低落时，对商品折扣信息的神经反应强度会提升40%。

大多数情绪性消费都是冲动的夜间行为。因为人们在夜晚更容易情绪波动，加之网购的方便快捷，使夜间成为情绪性消费最常发生的时段。

同时，消费主义的盛行也在促使人们进行更多的情绪性消费。我们通过“购买”来构建外显的理想自我，排解对身份的焦虑感。

需要注意的是，“情绪性消费”与“报复性消费”并不相同。报复性消费是一个经济学术语，指在经历了一段时期的消费压抑后出现的反弹行为。报复性消费由补偿心理和情绪积压驱动，而情绪性消费主要受即时情绪的影响。

# • 情绪性消费会带来什么？

## 1 情绪性消费发生的当下，会给人带来强烈的快感

比如感到愉悦和兴奋，对环境和生活产生控制感，虚荣心得到满足，提升自信心，等等。

## 2 但大部分情绪性消费者会在购买后带来后悔、愧疚等情绪

情绪性消费带来的愉悦通常是短暂的。当负面情绪再次到来时，人们可能会再次屈服于购买的冲动，形成“负面情绪→购物→短暂快乐→情绪回落→再次购物”的循环。

## 3 长此以往，可能导致财务压力和心理健康风险

当情绪性消费超出控制时，会侵占日常必需开销，提升债务风险，同时进一步增加生活压力。由于缺少应对压力的手段，在面对巨大压力时，购物再次成为唯一的选择，很可能导致生活困难，债台高筑。

# • 如何在心情不好时管住自己？

## 1 觉察自己的负面情绪，暂停一下

比起如何管住自己的行为，当下的情绪更需要被看见。

如果你觉得自己被情绪性消费困住了，请尝试记录自己的冲动，暂停一下，审视自己是否正在经历某些负面情绪。

你可能感到孤独、不被接纳、被嘲笑、被低估……尝试细化这些情绪，给它们一个名字。

然后问问自己：这些情绪在告诉我什么信息？我真正需要的是什么？我可不可以满足自己真正的需求？

## 2 用多样的方式满足内心的需求

可能有时你只是觉得压力很大，需要用疯狂购买来转移注意力。不必完全否定购买对情绪健康的作用，有时你甚至根本不在乎自己买什么，只是想要体会花钱的感觉，这意味着你完全可以提前理性地选好商品，然后在情绪低落时完成付款。

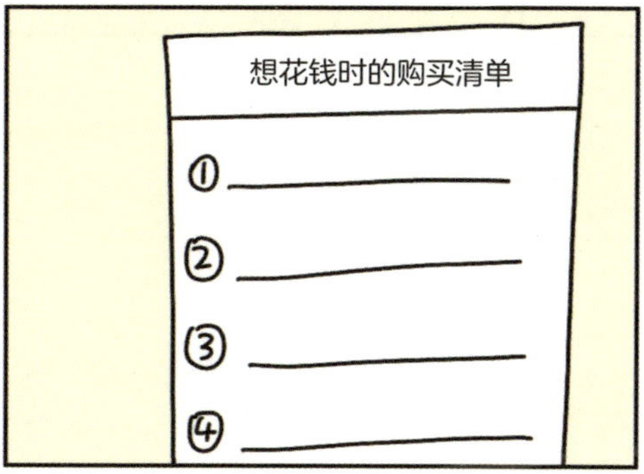


排解压力、自我安抚还有很多种方式，比如运动、冥想、从事创作性工作、寻求社会支持……有研究显示，与朋友深度对话的减压效果是购物的3倍。

## 3 建立“购买冷静期”

建立详细的支出记录，并在购物前仔细评估。你可以尝试践行“在支付前等24小时”的原则，并且问自己几个问题——“我真的需要它吗？”“我负担得起吗？”“我打算把它放在哪里？”“我明天会怎么想这件事？”

## 心理锦囊

情绪性消费并不可耻，

它是我们舒缓情绪的一种手段。

但要实现真正的治愈，

我们要学习看到自己情绪背后的需要。

当情绪需要出口时，

或许可以尝试把“买买买”

换成“聊聊聊”“走走走”？

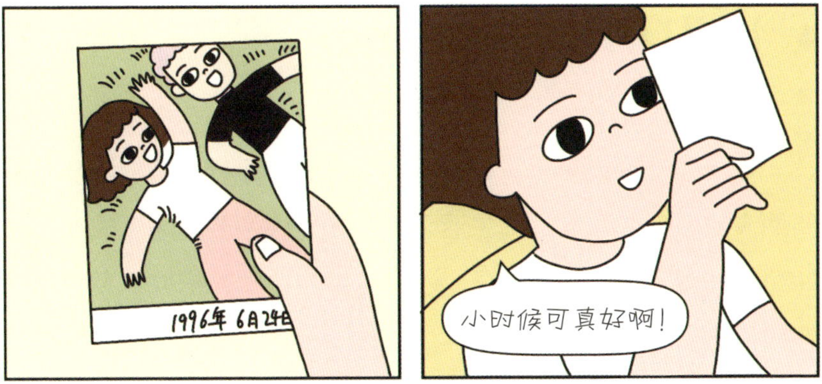


# 为什么我总喜欢怀念过去？

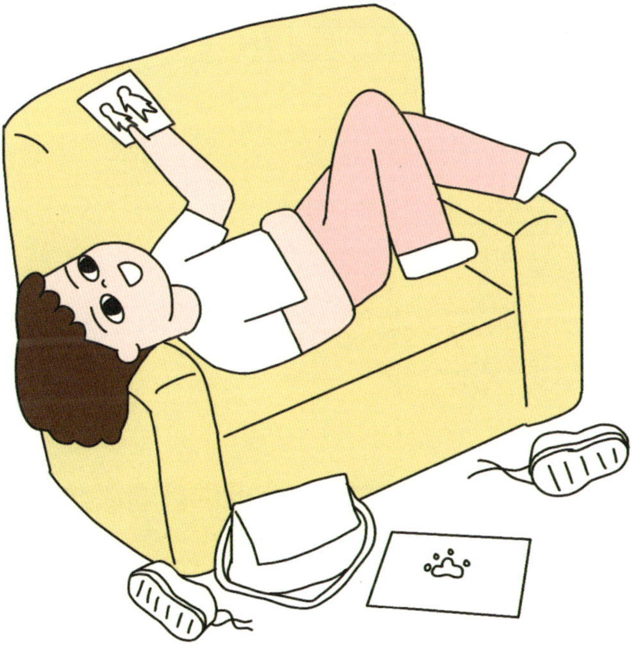

# • 怀旧的心理好处

“怀旧”（nostalgia）是一种对过去的怀念感，常常涉及与重要他人的互动或有意义的生活事件。怀旧感的触发因素很多，比如照片、音乐、电影、书籍，还有过去的物件、相似的天气、气味或者环境……

虽然怀旧的体验常常苦乐参半（一方面觉得过去很美好，一方面对当时未完成的事件感到遗憾和失落），但总体上，怀旧对人的心理健康有益。

许多现代的心理学家将怀旧定义为一种独立的积极情绪，认为怀旧具有重要的心理功能。

## 1 在怀旧中，我们加强了彼此的社会联结

怀旧过程会产生社交纽带，它常常涉及亲近的人，包括家庭成员、恋人或朋友，因此它可以增强一个人的社会支持和联系感，这

些回忆能帮助人们对抗孤独，同时提高寻求外界帮助的意愿，也提高了帮助他人的意愿。

在怀旧时，我们可能会感到内心充盈。因为这种行为肯定了与朋友、恋人或家人的象征性联系，意味着这些人成了现在自己的一部分。有怀旧倾向的人更容易感到被爱、被保护，焦虑更少，更有可能拥有安全的依恋关系，甚至被认为有更好的社交技巧。

## 2 怀旧可以帮助抵御当下的负面情绪

在压力很大的时候，怀旧可以提供温暖、真诚的积极感，帮助我们远离焦虑、抑郁。

从更长的时间跨度来看，怀旧也有助于打破当下的局限，帮助我们从更宽广的视角来看待自己当下的处境。

## 3 怀旧提供一种稳定感

在不确定性很强的环境中，怀念可以使我们有力量渡过难关，因为那些故事或记忆就在那儿，确定并且稳定。通过怀旧，人们也更能从积极的角度看待问题，主动制定并实施应对措施。

## 4 怀旧有助于我们积极地评价自我

我们在青春期的时候是怎样的人，做出过哪些可爱的傻事，长大后遭遇过什么挫折——回望自己历史的过程，有助于我们形成一种连续的自我意识，心理学上把这种记忆叫作“自传体记忆”。

它有助于我们认识时间给自己带来的变化，更清晰地看到自己的进步，并对自己未来要成为什么样的人产生更具体的感知，在为

过往经历创造意义感的过程中，减少当前对于“我是谁”“我想要什么”的迷茫和困惑，做出更有利于成长的行动。

## 5 怀旧能培养有意义的代际对话

怀旧是一种高度社交性的情感体验。当人们联想到怀念的事物时，仿佛与那些生动而难忘的生活事件隔空重逢，尤其是当亲人们共同怀念同一段时光时——因为每个人都曾身处其中，但每个人的记忆可能都不一样。

互相交换和补充故事的细节，也会促进有意义的代际联结，增强家庭内部的“传承感”和“归属感”。

## ● 怀旧也可能是情绪问题的信号灯

事实是，过去并不完全美好，它总是将爱与恨、快乐与悲伤、幸福与失落、欣慰与悔恨以及平静和其他种种编织在一起。正因如此，怀旧也并不总是带来积极的体验。

研究怀旧心理学的克里斯蒂娜·巴乔（Krystine Batcho）博士认为，怀旧有可能会加重抑郁，因为它倾向于与低落感同时发生。当你感到怀旧使你不堪重负时，试着觉察一下：

### 1 你是否对自己的现状感到极度不满？

怀旧可能提示你对自己当下的生活不满意，或适应当下的新变化有困难。有研究发现，人们生活中的重大干扰和不确定性越多，他们对过去的怀旧之情就越强烈。

## 2 怀旧是否让你更孤独？

过度沉迷于过去的日子，可能意味着在目前的生活中感到孤独，缺乏人际联结。尤其是当你怀念的过去只有自己知晓时，也可能让你在当下更孤独（因为现在没人与你有共鸣了）。

## 3 怀旧是否让你更抑郁？

对于抑郁的人来说，曾经不愉快的经历可能会引发更多负面想法。

这是因为记忆具有情绪依赖性，当不加觉察地怀念过去时，你可能会将某段经历过分美化并只关注其中的积极方面，使现实和过去产生强烈对比，从而产生巨大的挫败感和不安，引发怀旧和抑郁的循环。

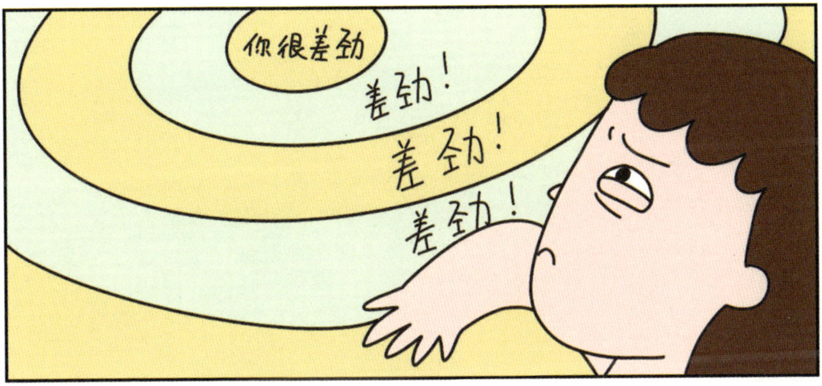


当你发现被困在过去，过度担忧未来，或沉溺于思考过去的负面事件（思维反刍）时，请花时间好好照顾自己的情绪，也可以找信任的朋友聊聊，必要时寻求专业的心理帮助。

## 心理锦囊

怀旧是一种重要的心理资源。

它最大的心理好处是：

将我们过去的种种经历，

汇聚成一种有意义的叙事。

我们经历过低谷，

也经历过高潮，

今后将继续前进。

这就是我们有苦有乐的生活。

# 偶像“塌房”自救指南

“塌房”是指负面事件（如道德争议、违法行为、人设崩塌等）导致偶像公众形象严重受损，从而引发其追崇者（即“粉丝”）“精神家园”的坍塌感。

这种情感冲击不仅涉及对偶像的失望，还可能动摇粉丝的自我认同和社会关系认知。

## • 什么东西“塌”了？

粉丝与偶像之间往往存在一种“准社会关系”（parasocial relationship），即单向的情感联结。

在这种情感联结中，粉丝可以通过观看偶像的作品、与偶像进行社交媒体互动、参加演唱会和见面会、购买偶像代言的商品等活动，与偶像建立类似于友情，甚至爱情般的情感依赖。在这个过程中，粉丝会感觉自己了解偶像的方方面面，包括价值观、感情、思想或不为人知的小爱好。

近年来的一些研究认为，这种准社会关系对心理健康有益，比如能提供陪伴感、联结感和归属感，也能帮助一个人探索“理想自我”，从而增强自尊心和自信心。

所以，偶像“塌房”，意味着准社会关系的断裂。它使你与偶像之间的心理联结被强行切断，可能会引发分离感和背叛感。

不仅仅是“塌房”，演唱会取消、参演剧集完结、饰演角色死亡都可能引发类似的情感体验，甚至与真实的哀伤相似。你可能感到失去了一个密友，无法自控地反刍你与偶像之间的回忆。

对于那些在现实生活中缺乏朋友、父母陪伴的人来说，“塌房”事件可能会直接冲击一个人的社会支持系统，导致心理失衡，带来自我认知危机。

## • 偶像"塌房"后，如何自救？

### 1 承认所有糟糕的感觉都是真的

任何关系的断裂都会导致孤独，你与偶像建立的准社会关系自然也不例外。允许悲伤、愤怒、失落和哀痛的感觉出现，是很重要的。

写日记也好，公开发布"退圈"小作文也好，学会承认和梳理内在的负面感觉，有助于你度过这段糟糕的日子。如果情况严重，感到无法独自应对，也可以寻求专业心理援助。

## 2 梳理事实，调整认知

“塌房”意味着想象中和现实中的偶像存在巨大差异。如果你很难摘掉自己的“滤镜”，不妨去找找偶像身上的缺点，整理偶像“塌房”的全过程。

这会带来痛苦，但也能显著减少情感依恋，增强认知灵活性，使你对偶像建立更加客观的认识。

## 3 谨慎与“塌房”受害者们抱团取暖

值得注意的是，在粉丝群体内部寻求社会支持，也许并不是一个好的选择。

在“塌房”事件发生后，粉丝团体内部会产生许多情绪，容易激化矛盾。也许你们能在一段时间内有情感上的共鸣，但无法填补缺失感，甚至造成更严重的冲突。

## 4 积极认识自己与偶像的差异

也许从“塌房”事件中，我们能得到的最大的成长在于：意识到被精心包装的偶像与活生生的人之间存在的鸿沟；同时，意识到自己的思想、感受和价值观，与“塌房”的偶像实际上有多么不同。

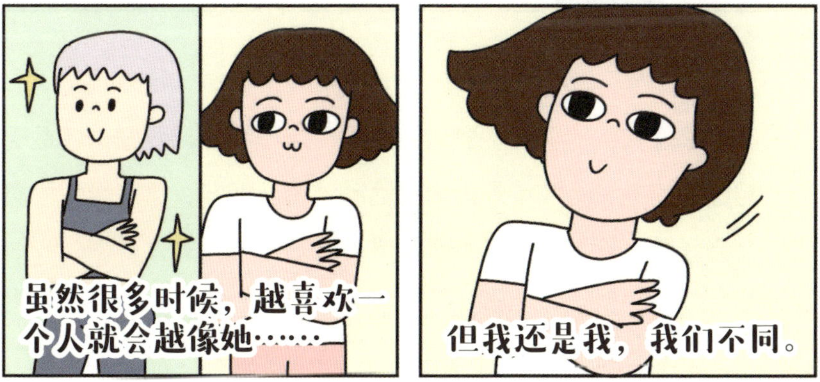

这种对自己的积极理解，能够帮助我们建立与偶像的心理边界，减弱对这种准社会关系的依恋强度，从而降低“塌房”带来的负面影响。

## 5 发展其他社会关系

当准社会关系受到冲击，我们可以通过建立新的关系，或者通过其他关系来补偿这种缺失。

不论是现实中的朋友、身边的家人、自己的兴趣爱好，还是明天一起吃饭的搭子，或者外出参加活动结识新朋友，这些稳固和真实的社会联结，都有助于缓解孤独感。

在偶像所提供的“精神代餐”之外，我们还有各种各样满足需求的手段，以及实现自我价值的途径。不必将人生与偶像绑定，因为准社会关系只是组成你生活的一部分，而你自己才是生活的中心。

## 心理锦囊

从某种程度上说，

“健康地追星”与深夜的一碗螺蛳粉

发挥着同样的作用

——在需要的时候，

为你提供一些愉悦与满足；

并且，第二天不要拉肚子。

# 主动熬夜，是在弥补白天被动失去的时间

# • 什么是“报复性熬夜”？

报复性熬夜的人晚上拖延睡觉，早上不想醒来。

他们的日常生活常常充满压力，让人头昏脑涨。想在工作间隙找到时间来放松，几乎是天方夜谭。好不容易到晚上有了自己的时间，就会选择刷手机、追剧或打游戏，往往过了很久都停不下来。明知第二天会很累，也不想早睡。

习惯报复性熬夜的人不是无法入睡，而是希望通过牺牲一些睡眠，来获得对生活的掌控权和自由感。

## • 为什么人们深陷其中？

报复性熬夜的人通常知道自己应该早睡，但就是无法做到。这被称为“意图行为差距”（intention-behavior gap）。

这类差距所导致的自控失败背后，通常有一些强大的心理动因没有被看到。比如：

### 1 心理补偿机制

白天的生活被他人或工作支配，到了晚上，人们想要一些专属于自己的时间，哪怕这些时间是被浪费掉的。但主动浪费也是一种主动，是自己拥有主观能动性的表现。

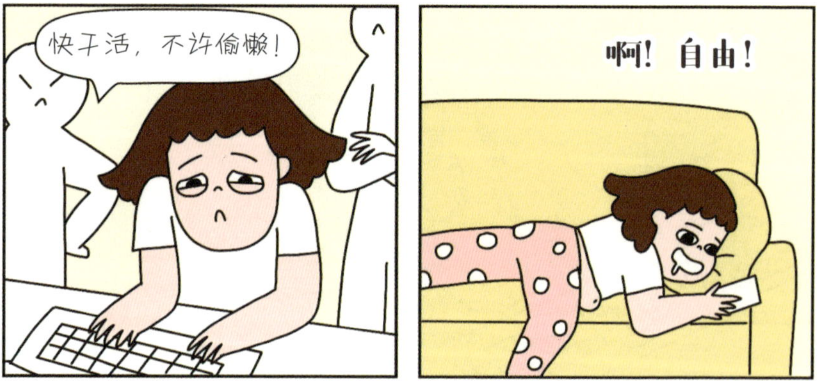

通过报复性熬夜，人们试图证明自己仍能自由安排时间，这可能是对自己一天辛苦工作的奖励，也可能是在释放白天被压抑的欲望。

## 2 意志力资源被耗竭

研究发现，报复性熬夜与资源耗竭有关。白天频繁抵制欲望（比如想休息、娱乐），可能会导致意志力资源不足；长时间承受高压，也会削弱大脑前额叶的调控功能，使夜晚更难自控。

但越是压抑，就越渴望通过熬夜（比如刷短视频、追星、看剧）获得即时快感。这些行为带来的兴奋和快感掩盖了困意，形成“越熬越清醒”的错觉。

## 3 恐惧在人群中掉队，不被接纳

刷手机停不下来，生怕错过任何新闻、热点和八卦，导致夜晚无法入睡，也可能是一种“信息错失恐惧症”。它的背后是一种被所属群体接纳的强烈渴望。

## 4 已经太久没有“好好活过”了

精神分析对睡眠有一种独特的解读，认为睡眠是“死亡”的隐喻。在一天的结束不愿意睡去，实际上源于缺乏“好好活过”的感觉。

也就是，在白天没有成就感、没有自我效能感，也没有“活得像自己”。

# 如何戒断报复性熬夜？

一项对数万名成年人的研究发现，不管是“晨型人”还是夜猫子，最好都能在凌晨一点前睡觉。

晚睡与更高的心理健康障碍（包括抑郁和焦虑症）患病率相关。严重的睡眠拖延会导致睡眠不足，加剧情绪波动，让人烦躁、思维迟缓、自控力下降。

如果你受到报复性熬夜的困扰，以下是一些戒断建议：

## 1 洞察熬夜背后的需求，自我接纳

一些心理学家认为，报复性熬夜是“失效”的情绪调节措施，因为陷入了对情绪的回避。想要戒断报复性熬夜，首先需要洞察自己的情绪状态，进行自我接纳，对自己多一点点温柔和同理心。

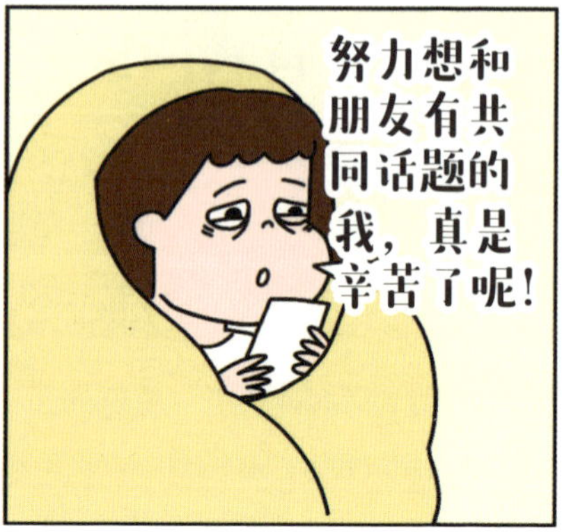


## 2 创建一些小秩序，强化日常控制感

如果你的报复性熬夜与失控有关，可以有意识地尝试强化日常生活中的控制感。即使是一些小习惯或微秩序，也可以抵御失控。

比如：

每天早晨很有仪式感地泡一杯咖啡。

在公司饮水机接水的20秒内进行一次小型正念。

每天在等电梯的时间里，思念自己的猫。

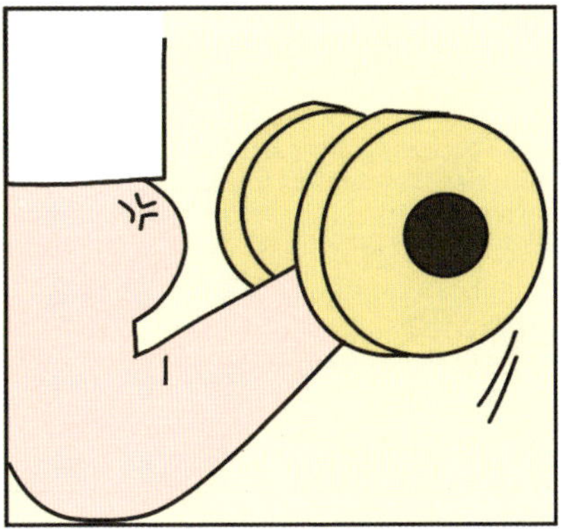

进行可量化的运动（抗阻力训练、跑步等等），进步和控制感会蔓延到你的生活中。

有意识地对工作和生活进行边界切割，比如回到家立刻洗澡或大喊一声："我下班啦！"

## 3 进行创造性的活动，它可以为你带来自控的体验

请主动为自己腾出一点时间，不用在意做得好不好，成果如何。这项活动是没有KPI的，只要是你喜欢、能够享受和沉浸其中的都可以。

## 4 建立新的睡眠习惯

如果将睡眠看作一种自我照顾和身心休息的方法，好好睡觉就不会等同于浪费了属于自己的时间。

坏习惯很难改掉，但好习惯同样也有力量。你可以：

· 为自己营造一个舒适、温暖、令人安心的睡眠环境，使用自己喜欢的床垫、被子、枕头，营造熟悉的气味，这些都会让睡眠变成一种值得认真享受的活动；

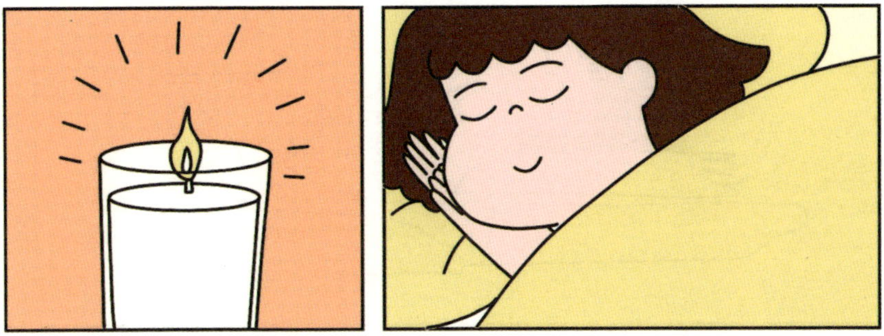

· 睡前远离电子设备，避免摄入大量食物、酒精或咖啡因，用洗热水澡、冥想、阅读或写作替代刷手机；

· 如果实在很难入睡也尽量避免打开手机，做一些能让你感到放松的事情，比如拉伸或者收纳，它们也许能帮助你更快感到困意。

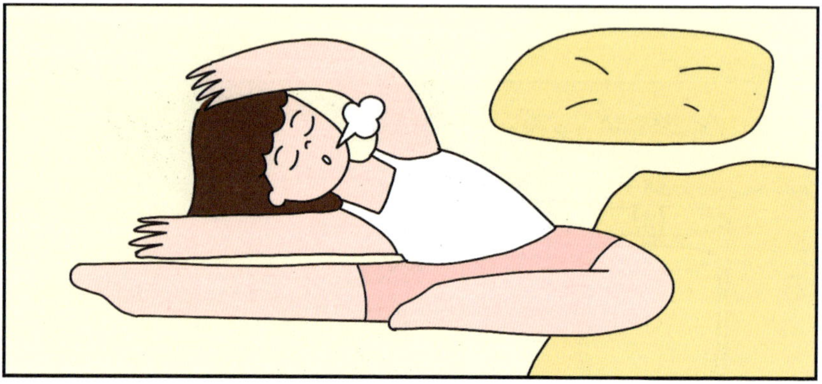

## 心理锦囊

当你报复性熬夜的时候，

真正在报复的可能是：

没有被好好看见的自己。

# 我就是什么都不想扔

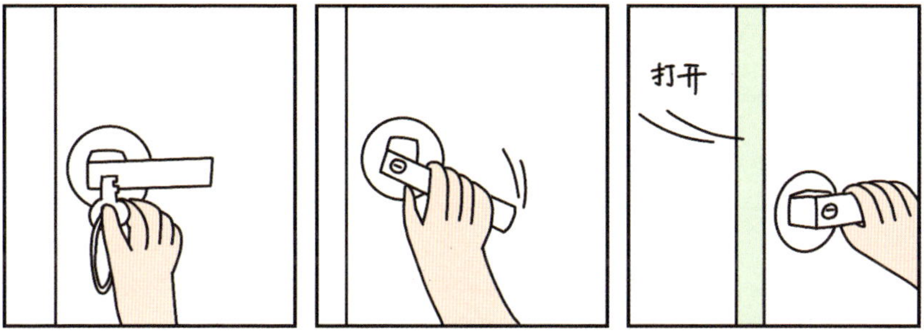

围积障碍的确是一种心理疾病，
但并不是所有的囤积行为都需要担心。

朋友热爱收藏盲盒、老爸爱集邮、邻居奶奶捡纸盒子补贴家用……这些源自喜欢或节约的囤积行为，不一定是病态的。

不过，囤积障碍的确是一种心理问题，且比我们想象的更为普遍，约有 2.5% 的人存在临床意义上的强迫性囤积障碍。

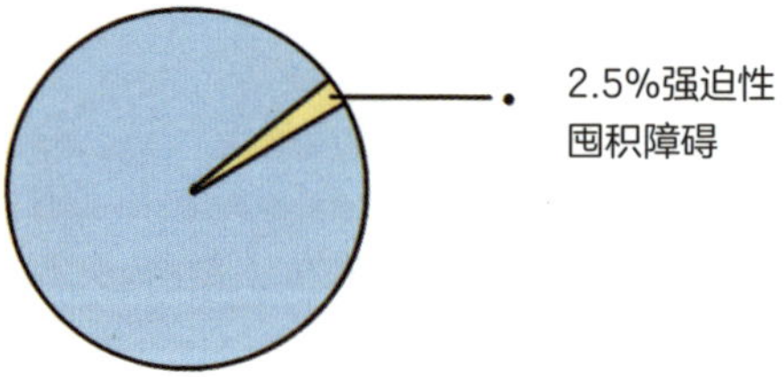

囤积障碍还与其他心理健康问题相关，比如：抑郁、焦虑、强迫、注意缺陷多动障碍。

与焦虑或抑郁类似，人类的囤积倾向的严重程度是一个连续谱。有些人只是喜欢收集物品，但有些人因为囤积而毁掉了自己的生活。在后者的极端情况下，患者将表现出一种病态的自我忽视。

根据DSM-5，对强迫性囤积障碍的诊断，需符合以下几点标准：

1. 始终难以丢弃或放弃囤积物，无论它们有没有实际价值。一旦想到需要丢弃它们，就感到痛苦。

2. 囤积物堆积严重干扰正常的生活秩序，也不符合物品的预期用途。

3. 囤积行为导致显著的负面影响，比如社交、职业或其他重要功能领域的损害（包括给房屋埋下安全隐患）。

提示：囤积障碍的诊断需要排除其他健康状况（比如脑损伤、脑血管疾病、阿尔茨海默病等），也需要区别于其他精神障碍所伴

随的症状（如抑郁症中的精力下降无法收拾、精神分裂症中的妄想等）。

囤积障碍患者与偶尔懒惰，工作、生活环境杂乱的普通人不同的地方在于：

他们对囤积物品有极端的情感依恋。如果有人试图清理或扔掉他们的东西，他们会感到极其不安和痛苦。此外，他们心中可能对这种行为感到羞耻和焦虑，不愿别人进入他们的屋子，或试图隐藏自己的囤积物。

在这种情况下，囤积的原因不一定是懒散、不爱整洁，而可能是一种需要警惕的疾病迹象。

## • 人们为什么会囤积？

### 1 人们倾向于将物品视作自我的延伸或情感和记忆的承载地

心理学家布鲁斯·胡德（Bruce Hood）认为，获得所有权是人类最强烈的本能之一。我们用物品来定义自己、塑造自我。

神经科学家发现，将物体分别放到两个篮子里，其中一个篮子标有“我的”，另一个标有“亚历克斯的”，当参与者观察“我的”篮子中的物品时，涉及自我、记忆和自豪感的脑区会出现额外活动。

我们也很容易与物品发展出感情上的依恋。

比如，一个小男孩对父亲生前唯一的愉快记忆就是一起玩篮球。他可能会认为，篮球就意味着爱，意味着与父亲的亲密感。这件物体在某种重要的方面代表着一个人的身份和“记忆的实体”。

## 2 我们对自己拥有的物品评价更高

一旦拥有了某些东西，我们会倾向于更加重视它。

心理学称这种现象为“禀赋效应”（endowment effect），也叫“剥夺厌恶”，指我们对属于自己的物品有更高评价，自然更不舍得丢弃。

这也可以解释为什么你定价很高的二手物品，在别人眼里通常不值这么多钱。

## 3 囤积障碍的成因并不是单一的

目前已知的风险因素是：

· 犹豫不决的气质：犹豫不决是囤积障碍患者及其一级亲属的显著特征。

· 遗传：囤积障碍常常存在遗传性。约 50% 的囤积症患者报告有亲属存在囤积行为。并且，囤积症状通常在生命早期（11~15岁）就出现了。对某些人来说，对财产的依恋可能会随着年龄的增长而增强（可能是基于性格特征或家族史）。

· 创伤事件：起病和恶化之前，经历过显著的压力或创伤事件。

从认知神经角度来看，囤积障碍的成年患者似乎在额叶介导的执行功能（特别是决策、分类、注意力和信息处理速度）方面也存在缺陷。

如果面临这种情况，请及时寻求专业医疗和心理帮助。

## 4 安全感、控制欲，以及对痛苦的抵抗

许多人觉得，囤东西是一种获取安全感的方式。比如囤积那些“总有一天会用到”的物品，以备不时之需。

但正如上面所说的，强迫性的囤积障碍往往是“安全”的反义词。

囤积障碍患者将囤积物品的行为视作对痛苦情绪的抚慰。他们高度依恋物品作为自我认同的来源，极其依赖物品来体现和记忆过去的事件，对物品有强烈的责任感和控制欲。

但在这个过程中，他们常常“推开”了家人，失去了许多有意义的人际联结。

## ● 定期整理生活，也是梳理内心秩序的一种方式

有心理学者认为，杂乱的居住环境可能也是心理状态（比如抑郁）的映射，造成家庭成员之间关系紧张、社会隔离，甚至扼杀一个人的创造力。

大多数人并不属于临床意义上的囤积障碍患者，但定期盘点、规整自己的物品是有好处的。

## 1 制订计划，以最小单位快速行动起来

比如：今天只清理卫生间，明天清理过道，后天清理厨房。每次只花40分钟，速战速决，但持续一周。

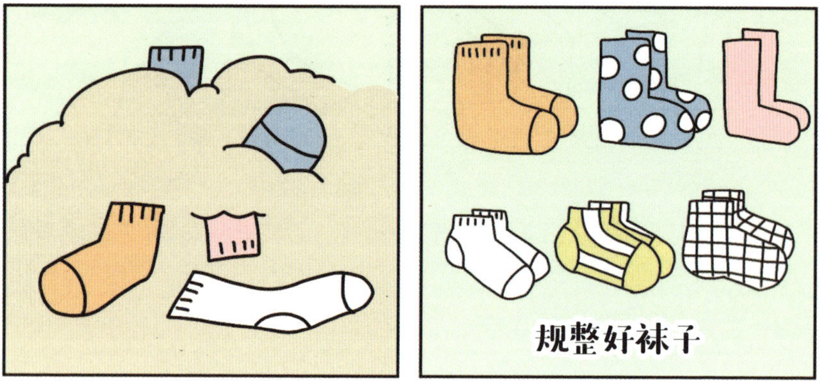


## 2 学习一些整理归纳的实用策略

可视化技术：将家里所有的数据线集合到一片空地上，以此来盘点自己拥有多少重复的物品，哪些值得留下（有时这个举动会极具视觉冲击力）。

断舍离仪式：感谢某个物品的陪伴，为它拍张照片，利用公益服务（二手衣物回收、毛绒玩具捐赠、二手书回收）找到更能善待它、让它发挥作用的主人。

## 3 问自己一些简单却深刻的问题

比如：我真的需要这个东西吗？我用到它的频率如何？拿起这件物品的时候，我是感到兴奋、愉快、安定，还是内心沉重、自我批判，觉得很有负担？

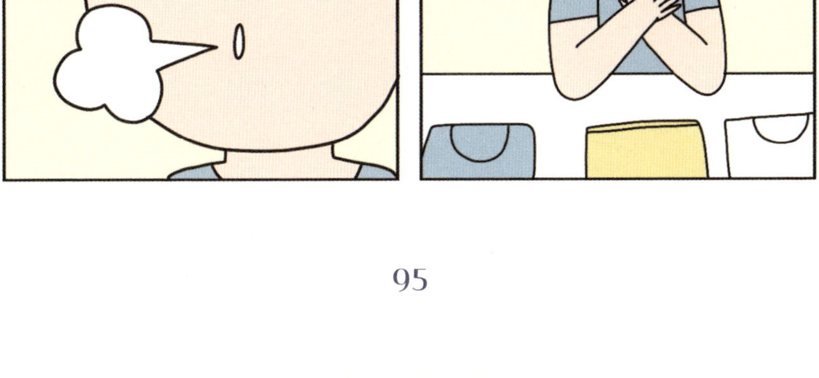

做完这些，等到下次搬家的时候，你会感谢自己的。

## 心理锦囊

爱囤东西不一定是病，

重要的是，

你是否愿意借由物品审视自己的内心。

你如何照顾自己的真实需要？

能否随时停一停，

感受和重建生活的秩序？

# 成年后，如何重新养育自己？

都说不幸的人要用一生来治愈童年。
现在我长大了，还有机会重新养育自己一遍吗?

“重新养育”是心理学家露西娅·卡帕基奥内（Lucia Capacchione）在20世纪70年代提出的一种治愈依恋创伤的方法，指通过给予自己童年时未曾得到的东西（比如被尊重、被信任、被照顾和保护），来弥补自己的缺失感，得到治愈。

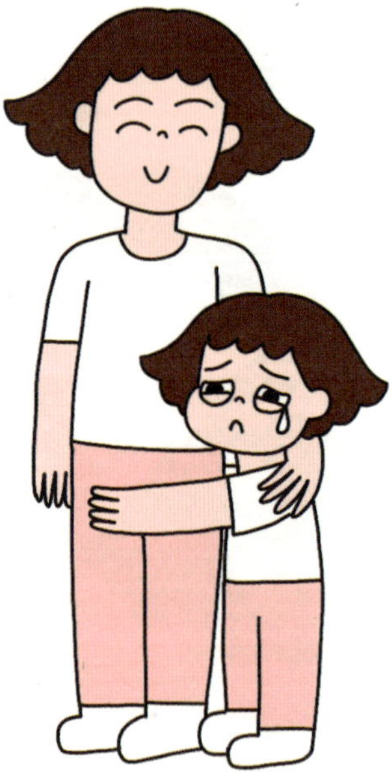

每个人的内心都有一个小孩。也许你过去有许多遗憾和难过，但通过“成为”自己的父母，可以让内在小孩感觉被安抚、被照顾、被爱、被注视。

# • 10个重新养育自己的建议

## 1 好好照顾自己的身体

当你长期过劳、缺乏锻炼、不注意均衡饮食，在某个加班的寻常夜晚偏头痛发作时，你是否听到了内心小孩的哭喊？

作为“自己的父母”，首要职责是对自己的基本需求保持敏感。比如随着天气冷暖增减衣服，关注身体和情绪状态，重视营养、运动。

## 2 只要取得了进步，就表扬自己

常常看到自己的微小进步，在阶段性成就面前充分表扬自己，是许多人在童年时未曾经历的体验。他们习惯将目光集中在自己的缺陷和不足之处，一生为了寻求“理想自我”而穷尽力气。

设置奖励仪式，强化对自己的积极看法，这可以带来自我关怀

的感觉，让内在小孩逃离充满批评的世界。

重要的是，通过做这件事，让自己产生一种“我值得”的感觉。

## 3 创造一个自由的情绪安全基地，不用担心被评判

内在紧张的孩子缺乏情绪被好好接纳的体验，以至于他们压抑自我的需求，也缺乏与负面情绪相处的技能。

请给这样的内在小孩创造一个包容、安全而具有支持性的空间。可以通过写日记、与好朋友聊天、寻求匿名倾诉的情感互动或求助心理咨询师，尝试让所有的情绪得以流动和释放，而不用担心受到评判。

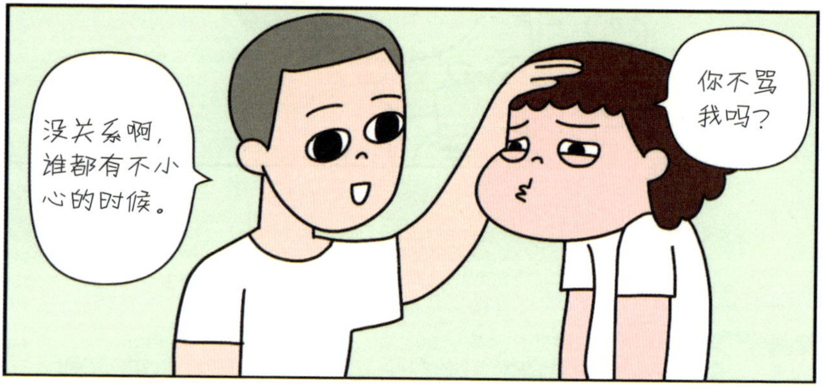


## 4 同情和安抚你的内在匮乏感

内在匮乏感来源于“不配得”的体验。比如：别的小朋友都有那个玩具，而我没有，但我知道自己的需求在父母心中不重要，因此从来不敢表达“想要”的心愿。

作为“自己的父母”，你现在可以在能力之内尽可能满足自己。

不过现在的你也许需要的不只是儿时的那个玩具，而是一种被看到、被重视、被信任的体验。尝试看到内心那个孩子的委屈和孤独。温柔地抱抱他、相信他、支持他，告诉他：你的需求很重要。

## 5 尊重你的自主权

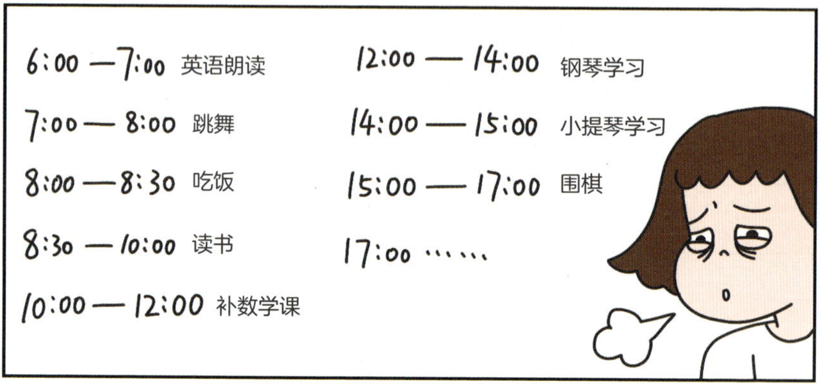


从小被过度控制、侵犯心理边界的人，可以尝试通过拿回自主权来养育自己。

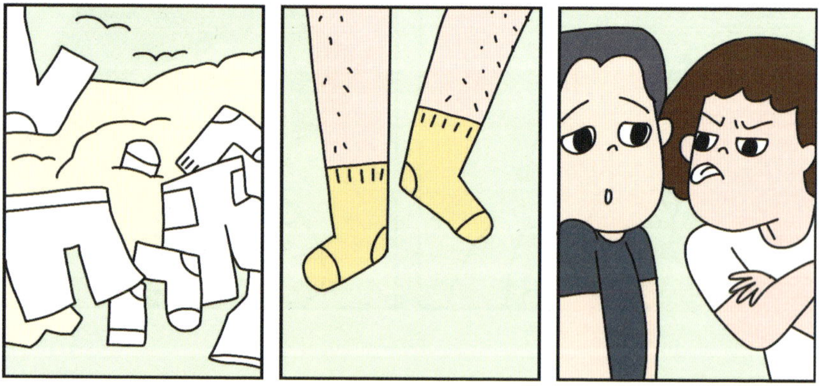

允许房间变得脏乱，直到自己想要整理。

抛弃社会观念对美的狭隘标准，重新定义什么是美。

聆听自己的感受，勇于离开让自己不舒服的关系。

# 6 允许自己好好玩耍，享受闲暇时间

我们大多数人都被植入了这样一种文化信仰——要成为有用的人，只做有价值的事，以至于忙碌的生活中再也没有留白。

作为成年人的我们，也不幸与童年时期漫无目的的玩乐之趣失联。去重新学习如何玩耍吧！

玩泥巴　　收集喜欢的树叶　　在T恤上画喜欢的图案

## 7 相信自己能独立，也允许自己依恋

没有好好依赖过一个人的孩子，很难走向自我的独立。

如果你发现自己很难卸下防备、表达爱，或对依恋有羞耻感，可以尝试把自己可依赖的对象扩大至整个生活系统。比如：你的猫、附近的社区咖啡店、可以每周一起打羽毛球的邻居、可以互相分享电影的朋友、总是可以给出靠谱建议的前同事、某位唱作歌手……

将自己热爱的人和事物编织成一张密织网，它们会承托起你的日常生活。

## 8 给自己组建一个“智囊团”

一些孩子是以“过度散养”的方式长大的。表面上孩子得到的是100%的自由，实际上他们急需大人的建议和引导，却遍寻不得。养育者因为害怕承担职责，隐身在纵容、缺席或溺爱背后。这会让孩子产生被抛弃的焦虑。

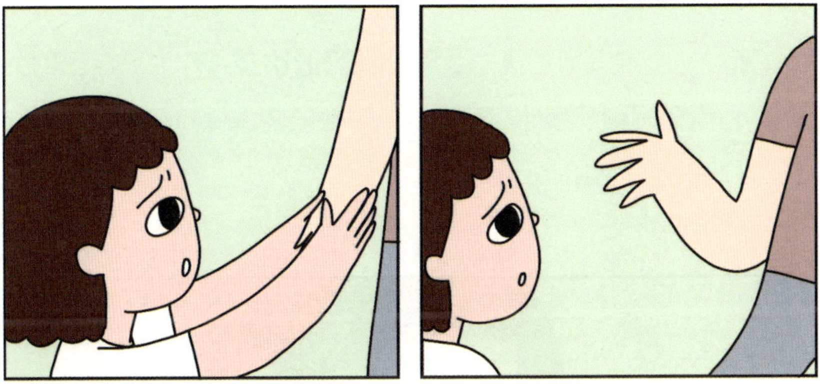

好的自我养育并非放纵或溺爱，而是需要具备一定的限制和约束。

这些限制以爱自己的方式被设置，它尊重你的核心需求、重视你的感受，也为未来的你指明方向，提供稳定性和安全感。

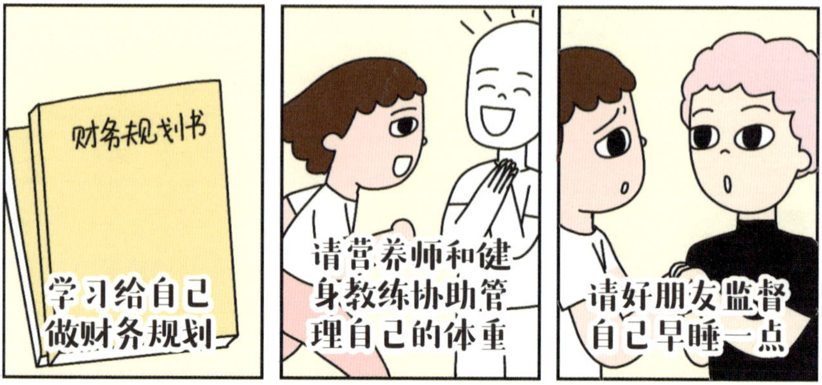


## 9 做自己的及时响应者

面对一个难以表达需求、渴望被爱的小孩，作为“自己的父母”，你需要时刻观察他、理解他，对他的需求保持敏感、及时响应，并理解他为何如此。

如果他哇哇大哭，可能是因为有需求没被看到。

如果他恼怒，可能是被忽视了或感觉到不公平。

相信内在小孩的感受，给予他支持和照顾，学习给自己无条件的爱。

## 10 做点“永远不会尝试的事”

对于在成长过程中过于循规蹈矩，而没有充分“活出自己”的孩子来说，需要跟随自己的“野性”，才能释放内在小孩的生命力。

**跳舞，胡乱扭动身体而不讽刺自己。**

**穿吊带衫去海滩，就算没有完美身材。**

**主动追求一个人，不为自己的爱意感到羞耻。**

有时，正是那些我们从未经历过的体验，以及专注于当下的时刻，才会使我们感到充盈而完整。

## 心理锦囊

心理学家彼得·沃克（Peter Walker）说：

“创伤不是你的错，

但复原是你自己的责任。”

通过自我养育，

我们有机会作“自己的父母”，

用新的情感体验取代旧的，

实现心理上的第二次成长。

这就是一个给自己提供

“矫正性情感体验”的过程。